뉴 컬러 & 디자인 이미지

NEW COLOR
& DESIGN IMAGE

뉴 컬러 & 디자인 이미지

NEW COLOR
& DESIGN IMAGE

이인성 · 이언영 지음

교문사

PREFACE

색은 빛을 통과하고 눈을 거친 후 감성을 통해 느껴지는 것으로 심상(心想)이라 일컫는 이미지와도 밀접하게 연관된다. 특히 현대 사회의 감성 이미지 시대의 도래로 이미지는 문화 예술 · 정치 · 경제 · 산업 전반에 경쟁력이 되어가고 있다. 패션 분야에서도 패션 상품은 이미지를 파는 상품으로 좋은 이미지의 표현을 위해서 색 연출은 상당히 중요한 부분을 차지한다.

우리는 생활 속에서 색을 선택하고 배합하여 조화시키는 작업을 수없이 하고 있다. 오늘 입을 옷의 색을 고르거나, 옷에 어울리는 메이크업 색을 골라 배색하여 본인의 이미지 메이킹을 할 때에 색을 신중히 고려하게 된다. 스카프, 브로치, 안경, 가방 등의 액세서리의 스타일링에 있어서도 본인의 선호도와 조화도에 따라 배치하고 선택하게 된다. 이처럼 색은 외형으로 느껴지는 형태뿐만 아니라 우리 내면의 심리적 변화까지 포함하고 있으며, 형태보다도 무의식적으로 먼저 인식되고 장기간 기억된다.

이 책은 색에 대한 감각 및 배색 능력을 기르기 위한 색채 실습 교육의 교재로 학생들에게 색채 전반의 이론적 이해와 응용 능력을 높여주고자 하였으며, 실생활에서 쉽게 적용할 수 있도록 하였다.

1 Color는 색에 관한 기본적 이론 부분으로 색의 3속성과 색상환, 색입체, 색조에 관한 이해를 위해 서술하였으며 직접 실습하도록 하였다.
2 Color Combination은 배색에 관한 것으로 색의 연상, 색상과 색조에 따른 배색, 배색기법으로 나누어 이미지 연출에 기본이 되는 기초적 배색 능력을 함양할 수 있도록 하였다. 또한 배색 이미지와 언어 이미지에 관한 이해를 돕고 이를 바탕으로 계절이나 회화 작품에서 느껴지는 이미지의 선택과 활용에 관한 실습을 할 수 있도록 하였다.
3 Color & Fashion Image는 색의 응용단계로서 패션에서 대표적인 이미지에 알맞은 색을 선택하고 컬러 디자인을 기획하여 패션 이미지로 완성할 수 있도록 구성하였다.

이 책을 통해 학생들에게 색의 특징과 이미지를 이해하고, 다양하고 창조적인 방법으로 활용할 수 있는 지침서가 되기를 바란다.

이 책이 출판되기까지 교문사의 류제동 회장님을 비롯하여 완벽한 마무리를 위해 애써주신 정용섭 부장님, 세심하게 편집해 주신 모은영 부장님 외 편집부 관계자 분들께 감사드리고, 그 외 관심으로 도와주신 많은 분들께 감사의 마음을 전한다.

2019년 3월
저자

CONTENTS

CHAPTER 1

COLOR
색상

1. 빛과 색 8
2. 색의 3속성 9
   (1) 색상 9
   (2) 명도 9
   (3) 채도 9
3. 먼셀의 색체계 10
   (1) 색상 10
      요하네스 이텐의 색상환 11
   (2) 명도 12
   (3) 채도 12
   (4) 먼셀 색입체 13
   (5) 먼셀 색체계의 표기방법 13
4. 색조 14
   (1) P.C.C.S 14
   (2) Hue & Tone 120 15
   (3) Tone의 특징 15-1
5. 색명체계 17
   (1) 계통색명 17
   (2) 관용색명 17
6. 색의 현상 18
   (1) 대비현상 18
   (2) 동화현상 19

CHAPTER 2

COLOR COMBINATION
색상 배색

1. 배색 22
2. 색의 연상과 상징 22
3. 색의 감정 23
   (1) 속도감 23
   (2) 중량감 23
   (3) 경연감 23
   (4) 대소감 23
4. 색상 · 색조에 의한 배색 24
   (1) 동일색상에 의한 배색 24
   (2) 유사색상에 의한 배색 24
   (3) 반대색상에 의한 배색 25
5. 배색의 기법 26
   (1) 그라데이션(Gradation) 배색 26
   (2) 세퍼레이션(Separation) 배색 26
   (3) 악센트(Accent) 배색 27
   (4) 톤온톤(Ton on Ton) 배색 27
   (5) 톤인톤(Ton in Ton) 배색 28
   (6) 토널(Tonal) 배색 28
6. 언어 · 배색 이미지 스케일 29
7. 사계절 배색 31
   (1) 봄 31
   (2) 여름 32
   (3) 가을 33
   (4) 겨울 34
8. 전통 배색 35
9. 회화작품 배색 36

CHAPTER 3

COLOR & FASHION IMAGE
색상과 패션 이미지

1. 패션 이미지 포지셔닝(Fashion Image Positioning) 39
2. 패션 이미지 연습 40
   클래식 이미지(Classic Image) 40
   엘레강스 이미지(Elegance Image) 42
   모던 이미지(Modern Image) 44
   매니시 이미지(Mannish Image) 46
   스포티브 이미지(Sportive Image) 48
   에스닉 이미지(Ethnic Image) 50
   캐주얼 이미지(Casual Image) 52
   로맨틱 이미지(Romantic Image) 54

01

COLOR

색상

1 빛과 색

2 색의 3속성

3 먼셀의 색체계

4 색조

5 색명체계

6 색의 현상

1 빛과 색

색은 빛이 눈에 들어와 시신경을 자극하여 뇌의 시각중추에 전달함으로써 생기는 감각이다.

우리가 볼 수 있는 빛의 영역을 가시광선(可視光線)이라 하며, 파장의 길이는 전체 주파수 영역에서 약 380~780nm(나노미터) 사이이다.

380nm보다 짧은 파장의 영역을 자외선이라하며, 780nm보다 긴 파장의 영역을 적외선이라 부른다.

빛의 스펙트럼

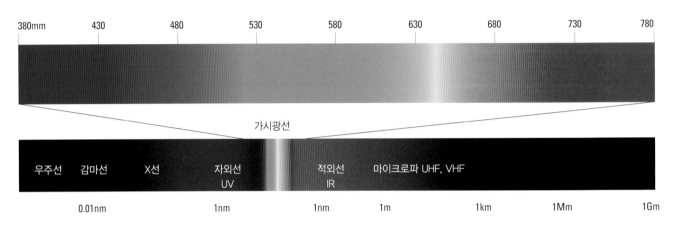

프리즘에 태양광선을 비추면 프리즘을 통과한 빛은 빨강, 주황, 노랑, 녹색, 파랑, 남색, 보라의 단색광으로 분광되는데, 이와 같이 분광된 색의 띠를 스펙트럼이라고 한다.

빛은 파장에 따라 서로 색감을 일으키며 여러 가지 파장의 빛이 고르게 섞여 있으면 백색으로 지각된다. 이를 백색광이라고 한다.

프리즘을 통한 분광

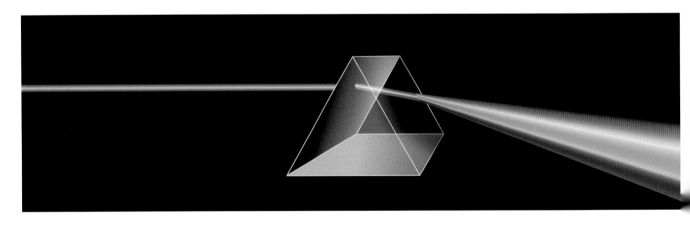

2 색의 3속성

(1) 색상

빨강, 노랑, 녹색, 파랑 등의 다른 색과 구별되는 고유의 성질을 말한다. 유채색에만 있으며 이를 둥글게 배열한 것을 색상환이라고 한다.
무채색은 흰색, 회색, 검정처럼 색기미가 전혀 없이 밝고 어두움만을 갖고 있는 색을 말한다. 유채색은 무채색을 제외한 모든 색을 말한다.

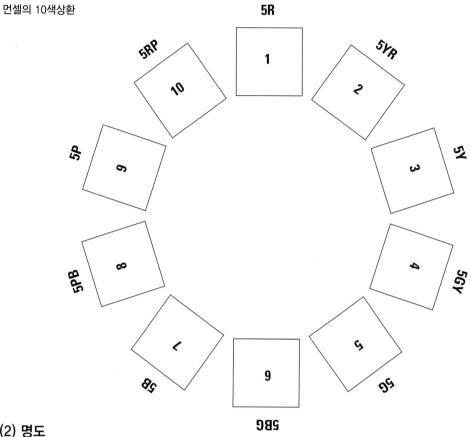

먼셀의 10색상환

(2) 명도

색의 밝고 어두운 정도를 말하는 것으로 그레이 스케일(Gray Scale)이라고도 부른다.
밝은 색일수록 명도가 높아지며(고명도), 어두운 색일수록 낮아진다(저명도).
유채색, 무채색 모두 갖고 있다.

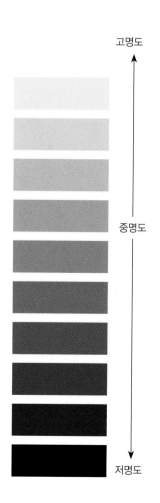

고명도

중명도

저명도

(3) 채도

색상의 순수한 정도로서 색의 맑고 탁함을 나타내는 것으로 유채색에만 있다.
색상에서 무채색의 포함되지 않은 색을 '순색'이라 하고, 무채색을 섞을수록 채도는 낮아진다.
무채색 축을 기준으로 하여 바깥쪽으로 멀어질수록 채도가 높아지며, 가까워질수록 채도는 낮아진다.

저채도 ← ———————— 중채도 ———————— → 고채도

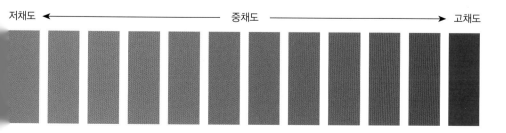

3 먼셀의 색체계

미국의 색채연구자이자 화가인 먼셀(Munsell)에 의해 창안되었다.
색상, 명도 채도의 3속성에 따른 체계로 국제적으로 널리 사용되고 있으며 우리 나라에서도 표준 색체계로 지정되어 있다.

(1) 색상

휴(Hue)라고 부르며 5가지 기준 색상을 기본으로 하고 그것을 혼합한 5가지 중간 색상을 사이에 넣어 10색상환이 된다.
기준 색상은 빨강(R), 노랑(Y), 녹색(G), 파랑(B), 보라(P)이며, 중간 색상은 주황(YR), 연두(GY), 청록(BG), 남색(PB), 자주(RP)이다.
10색상환을 다시 10등분하여 100가지 색상을 만들어 배열하면 먼셀의 100색상환이 된다.
하나의 색상은 1~10의 10단계로 구성되며, 기준색에는 5를 붙여 표기한다.

예) 빨강(5R), 노랑(5Y), 녹색(5G), 파랑(5B), 보라(5P) / 주황(5YR), 연두(5GY), 청록(5BG), 남색(5PB), 자주(5RP)

먼셀의 20색상환

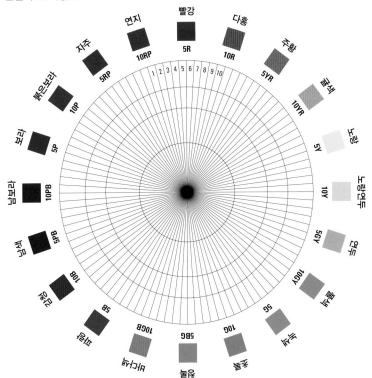

감법혼합

- 색료의 혼합으로 혼합할수록 명도, 채도는 낮아진다.
- 색료의 3원색은 마젠타, 노랑, 시안으로 3원색의 혼합은 검정색이 된다.
- 컬러 슬라이드, 인화사진 등에 사용된다.

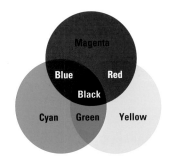

Magenta + Cyan = Blue
Cyan + Yellow = Green
Yellow + Magenta = Red
Magenta + Cyan + Yellow = Black

가법혼합

- 빛의 혼합으로 혼합할수록 명도가 높아지고, 채도는 낮아진다.
- 빛의 3원색은 빨강, 녹색, 파랑으로 3원색의 혼합은 흰색이다.
- TV, 컬러모니터, 영사기, 무대조명에 사용된다

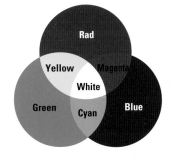

Red + Green = Yellow
Green + Blue = cyan
Blue + Red = Magenta
Red + Green + Blue = White

요하네스 이텐의 색상환(HUE Circle)

색료의 3원색은 빨강, 노랑, 파랑인데 정확한 색의 이름은 마젠타(Magenta), 시안(Cyan), 옐로(Yellow)이다. 이 3원색을 기본 색상인 1차색으로 한다.

1차색에 중간 색상인 2차색과 3차색으로 등분하여 이를 연속적인 원형으로 배치하면 요하네스 이텐의 12색상환이 된다.

빛의 스펙트럼에서 뚜렷이 구분되는 색상은 12색상환의 기본 색상이지만 이들 사이에는 무수히 많은 색상이 존재한다.

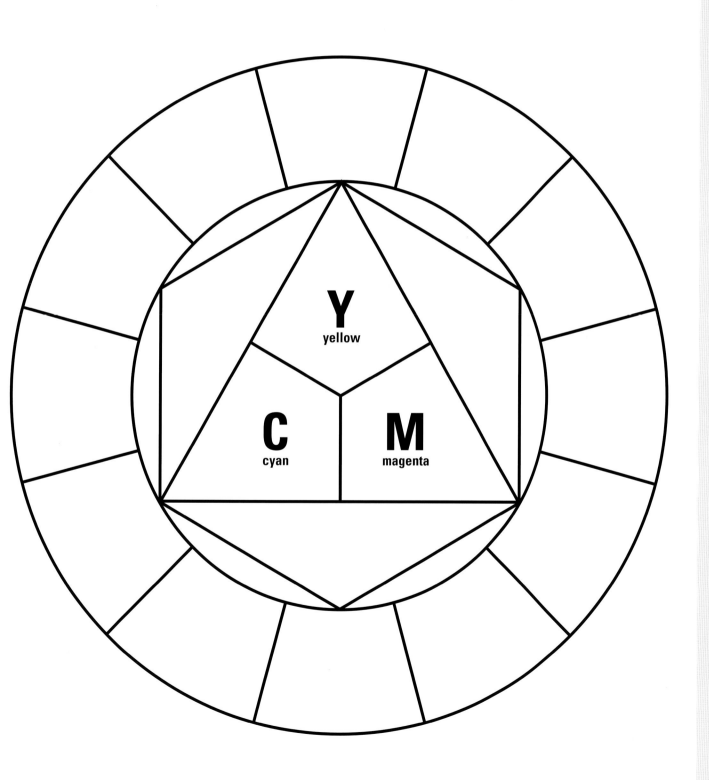

(2) 명도

벨류(Value)라 부르며, 고명도의 완전한 흰색부터 저명도의 완전한 검정색까지 11단계로 구성된다.

완전한 흰색의 10과 완전한 검정색 0은 현실적으로 존재하는 색이 아니다.

숫자가 커질수록 밝은 색 고명도이고, 작아질수록 어두운 색 저명도이다.

(3) 채도

크로마(Chroma)라 부르는 채도는 무채색을 0으로 보고, 순색까지는 14단계(1~14)로 구성된다.

숫자가 작아질수록 저채도이고, 커질수록 고채도이다.

먼셀 체계에 있어 색상에 따른 채도단계는 규칙적이지 않다.

명도	명도단계 연습	채도	채도단계 연습
고명도 4단계	10	고채도 5단계	14
	9		13
	8		12
	7		11
			10
중명도 3단계	6	중채도 5단계	9
	5		8
			7
	4		6
			5
저명도 4단계	3	저채도 5단계	4
	2		3
			2
	1		1
	0		0

명도단계와 채도단계

(4) 먼셀 색입체

색입체는 색의 3속성에 의하여 체계적이게 배열하여 한눈에 알아볼 수 있도록 입체적으로 만든 구조체이다.

색상은 원둘레, 명도단계 세로축, 채도단계는 가로축으로 배열하였다.

색상과 명도에 따라 채도 단계의 수가 일정치 않기 때문에 색입체는 일그러진 구의 형태를 갖는다.

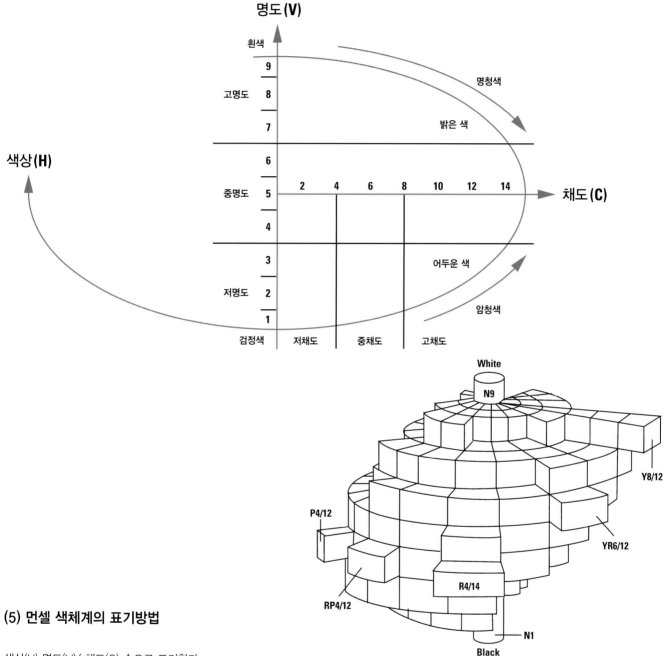

(5) 먼셀 색체계의 표기방법

색상(H) 명도(V)/ 채도(C) 순으로 표기한다.

H V/C → 5B 5/14 "5B 5의 14라고 읽는다."
색상(H) 명도(V) 채도(C)

예_ 명도가 4이고 채도가 10인 노랑을 먼셀 표기법으로 표기해 보시오.

☐☐ / ☐

4 색조

색조는 톤(Tone)이라고 하는데 명도와 채도를 합한 개념이다.

(1) P.C.C.S (Practical Color Coordination System)

1964년 일본 색채 연구소가 발표한 표색계이다.
색채 조화를 위한 배색을 목적으로 색을 톤에 의해 그룹화한 것이다.
톤은 명도와 채도의 복합 개념으로 동일한 색상에서도 명암, 강약, 농담 등의 차이를 두어 12톤으로 분류하였다.

PCCS의 톤의 배열

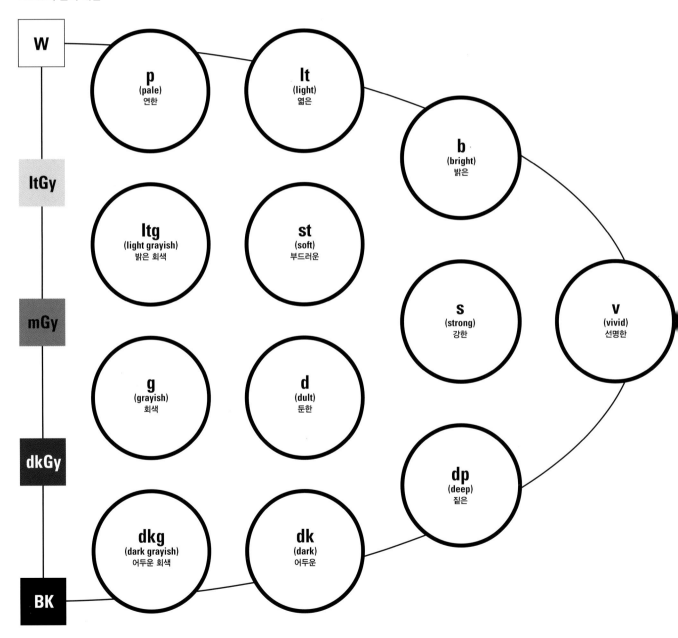

(2) Hue & Tone 120

우리나라 IRI(Image Research Institute)에서 산업자원부의
산업기반기술개발사업 일환으로 개발한 색체계이다.
기존 일본의 PCCS와 스웨덴 NCS 등에서 개발된 색상과 색조의
체계를 우리나라 감각에 맞도록 개발한 것이다.
먼셀 색체계를 기반으로 톤의 영역을 11단계로 구성하였다.

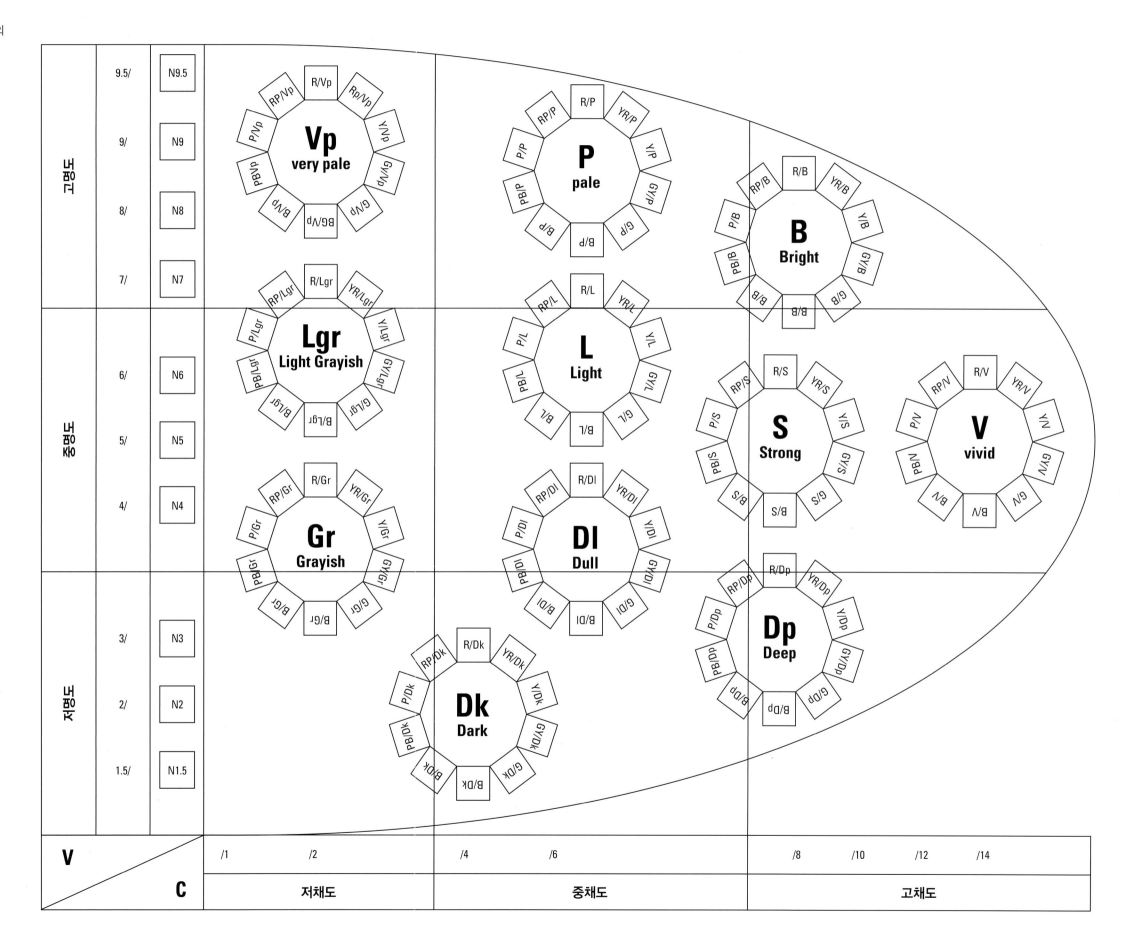

(3) Tone의 특징

Vivid 가장 선명한, 명쾌한, 강한, 적극적인. 모든 톤의 기준이 되는 가장 선명한 톤으로 채도가 가장 높아 화려하며 시각적으로 강렬한 이미지를 주는 톤이다. 자유분방함을 강조하는 캐주얼, 스포티브, 팝 스타일 패션에 어울린다.

Strong 선명한, 활력있는, 적극적인. 비비드톤과 마찬가지로 선명하고 적극적인 이미지를 갖는다.

Bright 명랑한, 깨끗한, 신선한. 비비드톤에 약간의 흰색을 섞어 만든 밝고 맑은 톤으로 신선하고 유쾌한 이미지를 준다. 밝고 화려한 느낌의 포멀웨어나 기분을 유쾌하게 하는 유희적인 디자인에 알맞다.

Light 밝은, 산뜻한, 부드러운, 여성적인. 라이트톤은 비비드톤에 회색과 흰색을 섞은 톤으로 밝고 온화한 이미지를 준다.

Pale 깨끗한, 부드러운, 가벼운, 섬세한. 브라이트톤보다 흰색의 양이 더 많은 톤으로 맑고 부드러우며, 여성스러운 느낌을 준다. 섬세하고 여성스런 페미닌 이미지 패션에 어울리는 톤이다.

Very Pale 깨끗한, 매우 연한, 약한. 페일보다 흰색의 양이 더 많아 유채색 톤 중에서 가장 밝고 연한 톤이다. 색 자체가 아주 연하고 부드러우며, 여성스럽고 여린 이미지를 나타낸다. 로맨틱 스타일이나 영·유아복 디자인에 어울린다.

Deep 진한, 강한, 깊은, 충실한, 원숙한. 비비드톤보다 명도, 채도가 약간 낮아 깊고 짙은 톤으로 침착하고 중후하며 고급스러운 이미지를 나타낸다.

Dull 고상한, 평온한, 점잖은, 차분한. 비비드톤에 회색과 검은색이 섞인 중간 톤으로 색감이 강하진 않으나 무게 있고 고상한 이미지를 준다. 내추럴한 이미지를 표현하는 패션 스타일에 알맞다.

Dark 어두운, 무거운, 보수적인, 견고한. 딥톤에 검은색을 많이 섞은 톤으로 어두운, 수수한, 남성적인 이미지를 준다. 클래식이나 매니시한 이미지의 패션에 어울린다.

Light Grayish 흐릿한, 안개낀, 차분한. 비비드톤에 밝은 회색이 가미된 톤으로 색상이 마치 햇빛에 바랜 느낌을 주어 흐릿하고 차분한 이미지를 표현할 수 있다. 도시적인 세련미를 나타내는 디자인에 알맞다.

Grayish 지적인, 어두운, 칙칙한, 침착한. 그레이가 섞여 변화된 색이기 때문에 훨씬 무게감이 느껴지며 침착하고 차분한 이미지를 준다. 지적인 이미지의 패션 스타일 표현에 효과적이다.

5 색명체계

(1) 계통색명

색채를 3속성(색상, 명도, 채도)에 따라 계통적으로 분류하여 표기하는 색 이름으로 색의 속성과 관계에 대한 이해를 쉽게 할 수 있다.

	기본색이름	대응영어	약호	색이름 수식형	대응영어	약호
유채색	빨강(적)	Red	R	빨강(적)	Reddish	r
	주황	Orange	O(=YR)	노랑(황)	Yellowish	y
	노랑(황)	Yellow	Y	초록빛(녹)	Greenish	g
	연두	Yellow Green	YG	파랑(청)	Blueish	b
	초록(녹)	Green	G	보라빛	Purplish	p
	청록	Blue Green	BG	자주빛(자)	Purplish Red	pR
	파랑(청)	Blue	B	분홍빛	Pinkish	pk
	남색(남)	Blue Violet	BV	갈색의	Brownish	br
	보라	Purple	P	흰색의	Whitish	wh
	자주(자)	Reddish Purple	rP	회색의	Graish	gy
	분홍	Pink	P	검은색의	Blackish	bk
	갈색(갈)	Brown	R			
무채색	흰색	White	W			
	회색	(Netural)Grey_영	Gy			
		(Netural)Gray_미				
	검정색	Black	Bk			

한국산업규격(KS A 0011)의 유채색, 무채색의 기본색 이름과 색이름 수식형

(2) 관용색명

색상의 고유한 이름을 오래 전부터 관습적으로 사용하게 된 것으로 시대사조나 문화, 유행에 따라 변해온 색 이름이다.
색명은 자연현상, 동.식물, 광물, 인명이나 지역에 관련된 것 등이 있다.

• 자연현상에 관련된 색명 : 하늘색, 땅색, 황토색, 무지개색 등
• 동물에 관련된 색명 : 쥐색, 연어 핑크색(Salmon Pink), 낙타색(Camel) 등
• 식물에서 유래된 색명 : 진달래꽃, 귤색, 밤색, 팥색, 장미색, 풀색 등
• 광물에서 유래된 색명 : 금색, 은색, 사파이어색, 에메랄드색 등

6 색의 현상

어떠한 색이 서로 다른 색의 영향을 받아 원래의 색과 다르게 보이는 현상이다. 원래의 색과 다르게 보이거나 인접색에 가까운 색으로 보이는 현상 등을 가리킨다.

(1) 대비현상

2가지 이상의 색에서 동시에 색을 접한 후 일어나는 색의 현상을 동시대비라고 하고, 색상대비, 명도대비, 채도대비, 연변대비, 면접대비 등이 있다.

① 색상대비
배경색의 영향으로 안에 있는 색이 보색의 경향으로 보이는 현상이다.

A　　　　원래 색　　　　B

A의 배경색 영향으로 보색인 청록색이 가미된 파란색으로 보이며, B의 배경색 영향으로 보색인 노란색이 가미된 파란색으로 보인다.

② 명도대비
배경색의 영향으로 안에 있는 색의 명도가 다르게 보이는 현상이다.

A　　　　원래 색　　　　B

A의 배경색 영향으로 명도가 낮은 연두색으로 보이며, B의 배경색 영향으로 명도가 높은 연두색으로 보인다.

③ 채도대비
배경색의 영향으로 안에 있는 색의 채도가 다르게 보이는 현상이다.

A　　　　원래 색　　　　B

A의 고채도 배경색 영향으로 실제 색보다 채도가 낮게 보이며, B의 저채도 배경색 영향으로 채도가 높게 보인다.

④ 연변대비

밝은 색과 어두운 색이 접하는 부분에서 일어나는 현상이다.

어두운 색에 접하는 밝은 부분은 더 밝게 보이고, 밝은 색에 접하는 어두운 부분은 더 어둡게 보인다.

⑤ 면적대비

면적이 커질수록 동일한 색이라 할지라도 명도와 채도가 높게 보이는 현상이다.

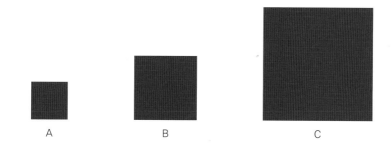

(2) 동화현상

인접색의 영향으로 인접색에 가까운 색으로 보이는 현상으로, 일정 거리를 두면 혼색으로 보인다.

① 색상동화

기존의 색이 인접색의 영향을 받아 인접색이 섞인 색으로 보인다.

 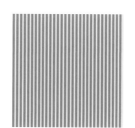 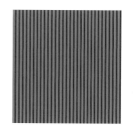

| 원래 색 | 노란색의 인접색 A | 파란색의 인접색 B |

초록색이 인접색의 영향을 받아 노란색이 섞인 연두색으로, 파란색이 섞인 청록색으로 보인다.

② 명도동화

기존의 색이 고명도 인접색의 영향으로 밝게 보이고, 저명도 인접색의 영향으로 어둡게 보인다.

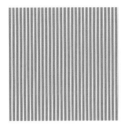
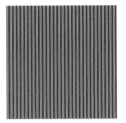

| 원래 색 | 고명도의 인접색 A | 저명도의 인접색 B |

중명도의 주황색의 고명도 인접색의 영향으로 더 밝게 보이고, 저명도 인접색의 영향으로 어두운 주황색으로 보인다.

③ 채도동화

기존의 색이 고채도 인접색의 영향으로 선명하게 보이고, 저명도 인접색의 영향으로 탁하게 보인다.

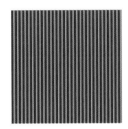

| 원래 색 | 고명도의 인접색 A | 저명도의 인접색 B |

중채도의 보라색이 고채도 인접색의 영향으로 선명한 보라색으로 보이고, 저명도 인접색의 영향으로 탁한 보라색으로 보인다.

2

COLOR
COMBINATION

색상 배색

1 배색

2 색의 연상과 상징

3 색의 감정

4 색상 · 색조에 의한 배색

5 배색의 기법

6 언어 이미지 스케일

7 배색 이미지 스케일

8 사계절 배색

9 전통배색

10 회화 작품 배색

1 배색

배색은 두 가지 색상을 서로 배치하는 것으로 패션, 인테리어, 미술 등 디자인전 분야에 걸쳐서 활용된다.
배색은 조화감을 가져야 하며, 테마와 목적, 용도 등에 알맞게 이루어져야 한다.
색상뿐만이 아니라 명도, 채도 등 색의 3속성을 고려하여 배색하여야 한다.

2 색의 연상과 상징

흰색을 보았을 때 우리는 눈이나 설탕, 순결함 등을 떠올리게 되는데 이는 색이 가진 연상이나 상징성 때문이다. 이처럼 색에서
느껴져 기억되는 것이 색의 연상, 상징이라고 한다.
배색 시에는 테마와 목적, 용도에 따라 반드시 고려하여 활용하여야 한다.

색명	색상	구체적 연상	상징적 연상
빨강(5R)		불, 태양, 사과, 피, 장미	정열, 위험, 흥분, 혁명
주황(5YR)		오렌지, 감, 당근, 석양	활력, 따뜻함, 풍부, 가을
노랑(5Y)		바나나, 개나리, 병아리	웃음, 팽창, 명랑, 질투
연두(5GR)		새싹, 완두콩, 잔디	안정, 신선, 초여름
초록(5G)		수박, 초원, 오이, 시금치	상쾌, 희망, 안정
청록(5BR)		깊은바다, 수풀	질투, 이성, 냉정
파랑(5B)		바다, 하늘, 물	이상, 진리, 차가움, 젊음
남색(5PB)		가지, 도라지 꽃	공포, 고독, 숭고
보라(5P)		제비꽃, 포도, 라일락	고귀, 신비, 우아, 고독
자주(5RP)		자두, 모란꽃	우아, 화려, 몽상
흰색(W)		구름, 눈, 설탕, 병원	순결, 신성, 정직, 순수
회색(Gr)		연기, 재, 먹구름, 시멘트	절망, 침울, 무기력
검정(Bk)		연탄, 숯, 김, 타이어	죽음, 밤, 절망, 정지

3 색의 감정

(1) 속도감

색의 영향으로 사람들은 같은 환경 및 공간 안에서 시간성을 느낄 수 있다. 빨간색, 주황색 등 따뜻한 계열의 색들은 시간이 길게 느껴지고, 파란색, 초록색 등 차가운 계열의 색들은 시간이 짧게 느껴진다.

(2) 중량감

명도의 영향을 받아 고명도는 가볍게, 저명도는 무겁게 느껴진다.

(3) 경연감

채도의 영향을 받아 고채도는 강하게, 저채도는 약하게 느껴진다.

(4) 대소감

색이나 명도의 영향으로 동일한 면적이 실제보다 크게 보이거나 반대로 작아보일 수 있다.

색의 영향으로는 빨간색, 노란색 등의 진출색은 실제보다 면적이 커 보이고, 파란색, 보라색 등의 후퇴색은 면적이 작아 보인다.

4 색상 · 색조에 의한 배색

(1) 동일색상에 의한 배색

동일색상 · 유사색조의 배색 _ 동일한 색상에서 명도와 채도의 차가 작은 색상 배색으로 통일감을 준다.

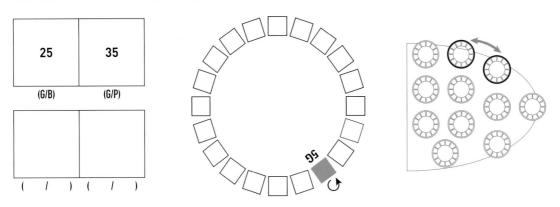

동일색상 · 대조색조의 배색 _ 동일한 색상에서 명도와 채도의 차가 큰 색상 배색으로 강한 느낌을 준다.

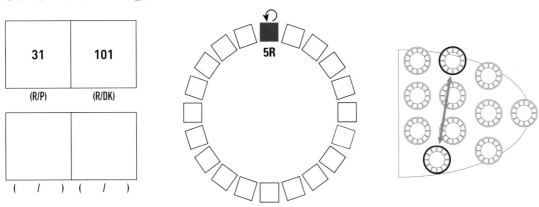

(2) 유사색상에 의한 배색

유사색상 · 유사색조의 배색 _ 색상과 색조의 차이가 크지 않은 색들의 배색을 말하며 편안함과 친근감을 주는 배색법이다.

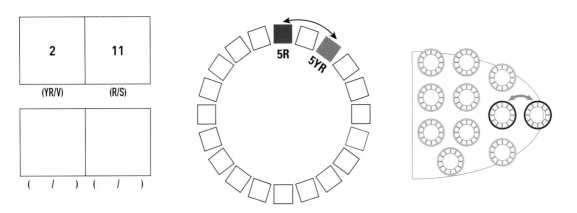

유사색상 · 반대색조의 배색 _ 서로 인접해 있는 색조끼리의 배색으로 온화하고 안정적인 느낌을 준다.

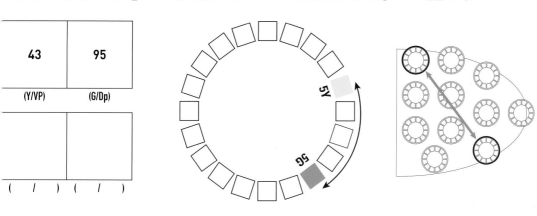

43	95
(Y/VP)	(G/Dp)
(/)	(/)

(3) 반대색상에 의한 배색

반대색상 · 동일색조의 배색 _ 색상차가 크지만 색조가 동일하여 색상차로 인한 강한 대비 효과를 완충시킬 수 있는 배색이다.

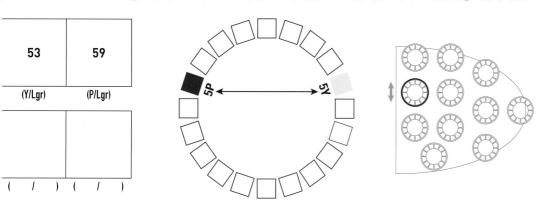

53	59
(Y/Lgr)	(P/Lgr)
(/)	(/)

반대색상 · 유사색조의 배색 _ 색상 차이는 크지만 색조의 차이가 작아 안정적인 느낌을 준다.

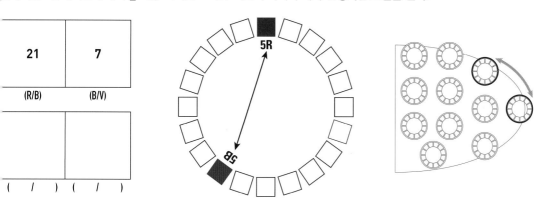

21	7
(R/B)	(B/V)
(/)	(/)

반대색상 · 대조색조의 배색 _ 색상과 색조 차이가 커서 강한 대비를 이루는 배색법이다.

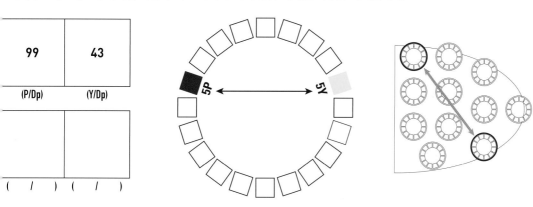

99	43
(P/Dp)	(Y/Dp)
(/)	(/)

5 배색의 기법

(1) 그라데이션(Gradation) 배색

색상을 단계적으로 변화시키는 방법으로 시선을 유도하는 리듬감을 나타낸다.
색상, 명도, 채도 변화에 따라 다양하게 표현할 수 있는데, 고채도나 저명도의 그라데이션 배색은 약동감과 화려함이 나타나며,
저채도는 온건하고 중후함이, 고명도는 부드럽고 여린 이미지를 주는 배색방법이다.

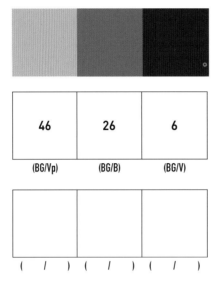

46	26	6
(BG/Vp)	(BG/B)	(BG/V)

(/)	(/)	(/)

2019 S/S Pamella Roland Collection

(2) 세퍼레이션(Separation) 배색

'분리시키다 · 갈라놓다'의 의미로 배색 중간에 다른 한 색상을 첨가하여 두 색상이 분리되어 보이는 새로운 효과를 주는 방법이다.
보색이나 반대 색상과 같이 색상차가 많이 나는 경우에는 분리색상으로 인해 강한 배색을 완충시킬 수 있다.

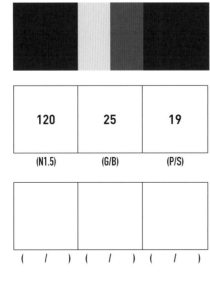

120	25	19
(N1.5)	(G/B)	(P/S)

(/)	(/)	(/)

2018 S/S Ralph Lauren Collection

(3) 악센트(Accent) 배색

'강조하다·눈에 띄게 하다'의 의미로 배색 일부에 중심 색상과 반대 또는 대조가 되는 색상을 이용하여 강조하는 배색 방법이다.
심플한 디자인이나 동일 색상의 단조로운 배색에서 작은 면적으로 사용하면 효과적이게 표현할 수 있다.

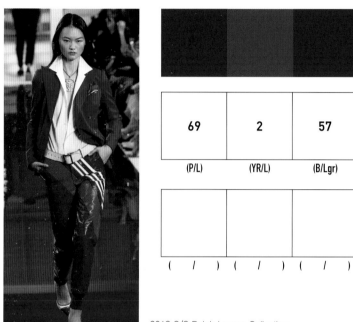

69	2	57
(P/L)	(YR/L)	(B/Lgr)

(/)	(/)	(/)

2018 S/S Ralph Lauren Collection

(4) 톤온톤(Ton on Ton) 배색

동일한 색상에 톤의 변화를 준 방법으로 부드럽고 안정적인 느낌을 주는 배색 방법이다.

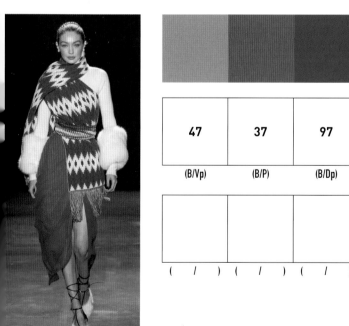

47	37	97
(B/Vp)	(B/P)	(B/Dp)

(/)	(/)	(/)

2018 F/W Prabal Gurung Collection

(5) 톤인톤(Ton in Ton) 배색

동일하거나 인접, 유사 색상에 톤의 차가 비슷한 배색 전반을 일컫는데 최근 유럽이나 미국에서는 톤은 동일하지만 색상에 대해서는 제약이 없는 비교적 자유롭게 선택한 배색을 톤인톤 배색이라 하고 있다. 여기에서는 동일한 톤에 색상을 변화시키는 배색 방법을 톤인톤 배색이라고 정의한다.

톤의 변화에 따라 색상 분위기를 표현할 수 있으며 톤이 기준이 되기 때문에 색상이 달라도 안정된 느낌을 준다.

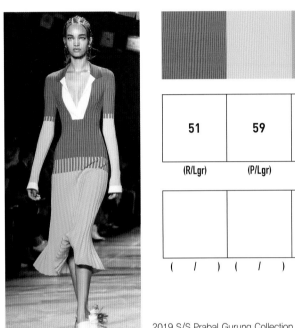

51	59	56
(R/Lgr)	(P/Lgr)	(BG/Lgr)
(/)	(/)	(/)

2019 S/S Prabal Gurung Collection

(6) 토널(Tonal) 배색

톤인톤 배색과 같은 종류인데 특히 중명도나 중채도의 덜(Dull)톤을 사용하는 배색 기법으로 점잖고 안정적이며 묵직한 느낌을 준다.

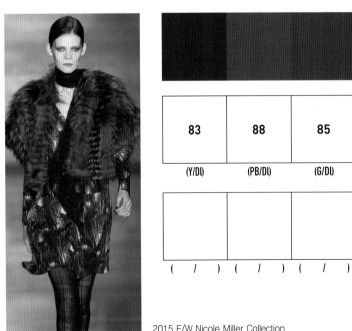

83	88	85
(Y/Dl)	(PB/Dl)	(G/Dl)
(/)	(/)	(/)

2015 F/W Nicole Miller Collection

6 언어 · 배색 이미지 스케일

미지를 형용사로 표기하고 색상과의 관계를 연구하여 기준화한
케일로 패션 · 인테리어 · 제품 · 소재 · 형상과 같이 서로 다른
들을 언어 이미지를 통해 심리적인 것으로 정리하여 감성을
보화하는 시스템이다.

어 이미지 스케일에서 가까이 있는 것은 유사 이미지를, 서로
어져 있는 것은 반대 이미지를 지닌다.

ft-Hard, Warm-Cool의 축을 기본으로 배색의 효과를 형용사
기지에 맞추어 그룹화 하여 배열한 것으로 패션 배색시에
기지 전달을 용이하게 하기 위한 수단이 된다.

미지 스케일에서 가까이 있는 것은 유사 이미지의 색상이며,
로 떨어져 있는 것은 확실히 다른 이미지를 지닌다.

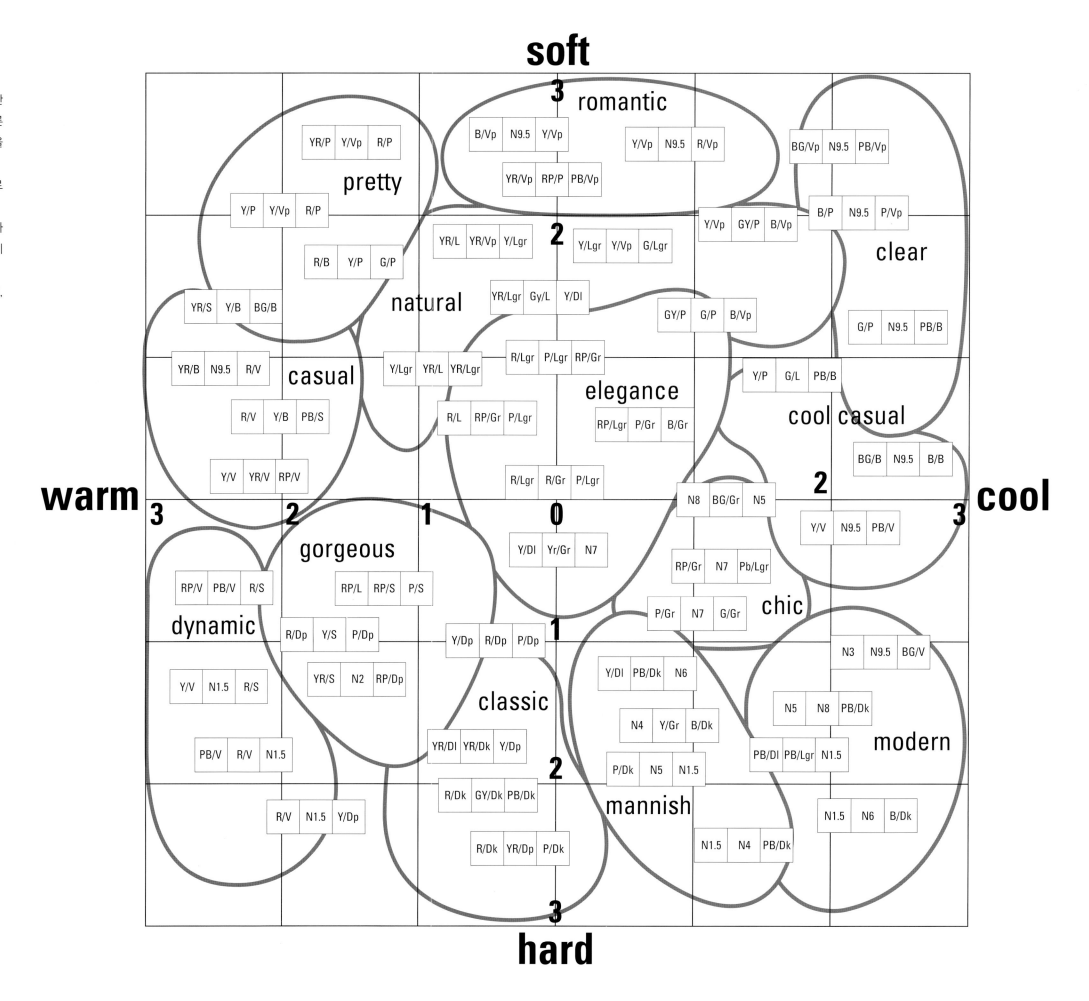

언어 이미지 스케일

3

soft

romantic
달콤한
감미로운 로맨틱한
가련한 낭만적인
pretty 부드러운 동화적인

귀여운 수수한 간소한
친숙하기쉬운

프리티한 유유한 **natural** **2** 내추럴한 평화로운 평온한
어린이같은

화창한
쾌활한 건강한

즐거운 친숙해지기쉬운 여성스러운 정숙한
정숙한 섬세한

자유로운 밝은 정숙한

casual 유쾌한 포근한 **1** 드레시한
유머러스한 온화한 엘리건트한
스포티한 캐주얼한 참한 세련된
다양한 우아한 평온한 세련된 귀족적인
warm 화려한 그리운 **elegant** 품위있는
활기찬 산뜻한

산뜻한 깨끗한
싱그러운 수수한

clear 청결한

맑은
시원한

심플한

빠른
cool · casual
스마트한
cool
스포티한

3 **2** 화려한 **1** **0** **1** 멋진 **2** 도회적인 진보적인 **3**
환상적인 고상한 지적인 냉정한
활동적인 풍부한 매력적인 고급스러운 차가운
자극적인 요염한 윤기있는 도시적인 하이테크한
엑티브한 성숙한 이지적인 모던한
dynamic **gorgeous** **chic** 세밀한
세련된
사치스러운 치밀한 샤프한
다이나믹한 호화로운 화려한 전고한 합리적인 인공적인
대담한 폭발적인 장식적인 원숙한 고전적인 **1** 운치있는
행동적인 보수적인 그윽한
강렬한 전통적인 클래식한 격조있는 고상한 **modern**
와일드한 포멀한
민족적인 안정된 멋진 기계적인
classic
ethnic 능름한 차분한 **2**
야성적인 운치있는 중후한 실용적인
거친 **manish** 건실한 장엄한
건강한 묵직한
남성다운
hard

3

7 사계절 배색

(1) 봄

만물이 소생하고 새싹이 돋는 느낌을 연상시키는 이미지로 명도와 채도가 높아 싱싱함, 생동감과 희망을 나타낸다. 밝은 옐로, 피치, 옐로 그린, 그린계열 배색한 화사한 분위기의 귀엽고 로맨틱한 이미지가 많다.

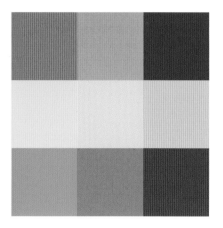

봄의 계절의 이미지 맵을 구성하고, 컬러 팔레트를 완성하시오.

(2) 여름

붉은 태양의 열정과 푸른 바다의 시원함을 연상시킨다.
고채도의 레드, 블루, 그린 계열의 색상 배색을 이용한
활기 차고 역동적인 젊음의 이미지 표현에 알맞다.

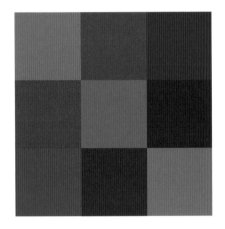

여름의 계절의 이미지 맵을 구성하고, 컬러 팔레트를
완성하시오.

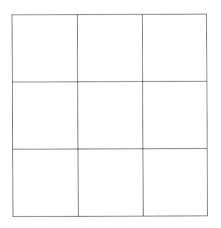

(3) 가을

자연에서 접하는 흙, 나무, 숲, 단풍, 낙엽에서 연상되는 내
추럴 이미지들로 딥이나 다크 톤의 색상으로 원숙하고도
평안하며 풍성한 이미지를 갖는다.

브라운 계열을 기본 색상으로 하여 퍼플, 골드, 와인 등의
색상 배색이 어울린다.

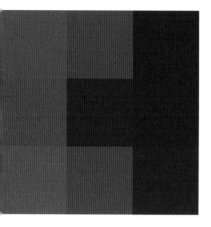

가을의 계절의 이미지 맵을 구성하고, 컬러 팔레트를
완성하시오.

(4) 겨울

자연의 만물이 쉬는 계절로 휴식, 정지, 소멸을 상징한다.
계절을 대표하는 이미지인 눈의 화이트 색상을 기본으로 하여
차갑고 이지적인 이미지를 표현할 수 있는 그레이시톤의
블루, 베이지, 블랙 등의 색상이 어울린다.

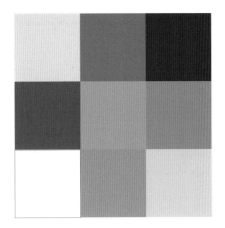

겨울의 계절의 이미지 맵을 구성하고, 컬러 팔레트를
완성하시오.

8 전통 배색

우리나라는 고대부터 음양오행(陰陽五行) 사상에 근거한 색채문화를 지녔는데, 음양오행은 우주만물이 음양과 오행으로 이루어졌다는 사상이다.

청색, 백색, 적색, 흑색, 황색의 오방(五方)색을 기본 색상으로 사용한다.

단청이나 색동저고리의 배색은 음양오행 사상에 근거한 대표적인 전통 배색이다.

전통 배색이 나타난 사진을 부착하고, 컬러 팔레트를 완성하시오.

9 회화작품 배색

회화는 색과 형에 의해 평면상에서 2차원의 화면의 특징을 지니고 형태를 나타내는 조형 분야이므로 색상 요소가 보다 강하게 작용하는 미술이라 할 수 있다. 따라서 회화에 있어 색상은 중요한 표현 요소이므로 새로운 색채의 발견과 탐구를 위해 회화에 나타난 색상을 분석하는 것은 중요하다.

모네, 해돋이, 1872

회화작품 배색이 나타난 사진을 부착하고, 컬러 팔레트를 완성하시오.

3

**COLOR &
FASHION IMAGE**

색상과 패션 이미지

1 패션 이미지 포지셔닝

2 패션 이미지 연습

1 패션 이미지 포지셔닝(Fashion Image Positioning)

- **클래식 이미지(Classic Image)** : 고전적, 전통적, 모범적
- **엘레강스 이미지(Elegance Image)** : 우아한, 품위 있는, 고상한
- **모던 이미지(Modern Image)** : 현대적인, 근대적인
- **매니시 이미지(Mannish Image)** : 남성적인
- **스포티브 이미지(Sportive Image)** : 경쾌한, 유희적
- **에스닉 이미지(Ethnic)** : 인종의, 민족의, 민간전승의
- **캐주얼 이미지(Casual)** : 생기발랄한, 활기찬, 유쾌한
- **로맨틱 이미지(Romantic)** : 낭만적인, 공상적인, 동화적인

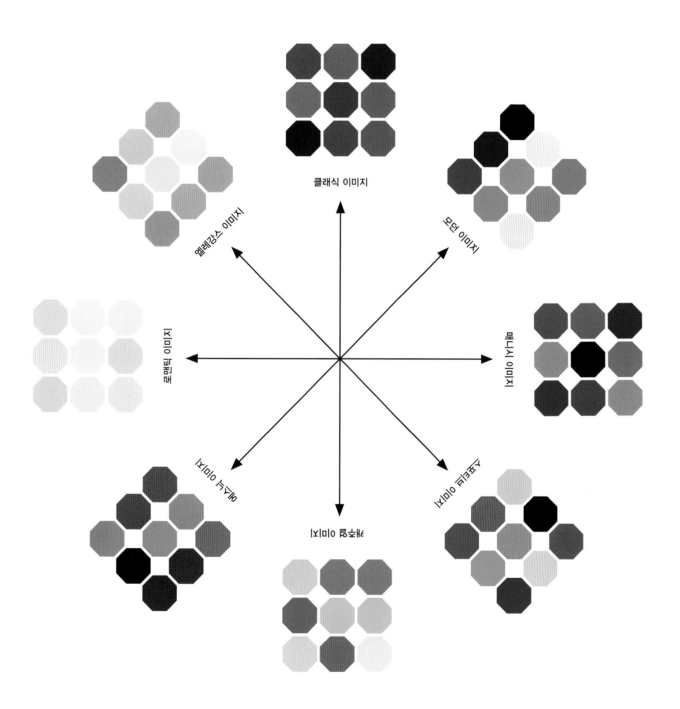

2 패션 이미지 연습

클래식 이미지(Classic Image)

클래식(Classic)은 사전적 의미로 '고전적, 전통적, 모범적' 등의 의미를 뜻한다.

패션 이미지로서의 클래식 이미지는 유행에 좌우되지 않고 오랫동안 애용되어온 의복과 소품의 스타일로 세대를 초월한 가치와 보편성을 갖는 이미지를 일컫는다. 색상으로는 전통적으로 풍요롭고 오랫동안 사랑을 받아온 따뜻하고 정감있고 깊이있는 색상들이 많이 사용되는데 채도가 높은 다크 그린이나 다크 브라운 또는 무채색이 대표적이다.

108	93	120
(PB/Dk)	(Y/Dp)	(N1.5)

클래식 이미지 맵을 구성하고, 컬러 팔레트를 완성하시오.

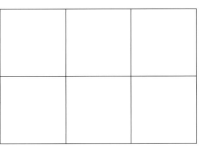

클래식 이미지 배색을 이용하여 컬러 디자인을 하시오.

엘레강스 이미지(Elegance Image)

엘레강스(Elegance)란 프랑스어로 '우아한, 품위있는, 고상한'이라는 뜻이다.

패션 이미지로는 고급스러운 소재로 품위있고 성숙한 여성미를 부각시킨 간결한 형태의 복장을 엘레강스 패션이라고 한다.

색상으로는 그레이가 가미된 라이트 그레이톤이나 그레이톤의 색상이 중심이 되며 무채색인 화이트, 그레이, 블랙과의 배색이 알맞다.

78	69	60
(PB/Gr)	(P/L)	(RP/Lgr)

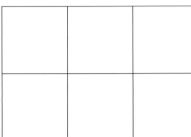

엘레강스 이미지 맵을 구성하고, 컬러 팔레트를 완성하시오.

엘레강스 이미지 배색을 이용하여 컬러 디자인을 하시오.

모던 이미지(Modern Image)

모던(Modern)이란 '현대적, 근대적'이라는 의미를 갖는다.

패션에 있어서 모던은 날카롭고 차가운 느낌의 인상, 도시적이며 시크한 이미지의 현대적인 감각의 패션을 의미한다.

색상은 차가운 색상, 도시적이며 이지적인 색상, 기계적인 색상, 블루가 가미된 색상 등인데 색감이 억제된 것들로 모노톤이 많으며, 악센트 색상으로는 그 반대인 강렬한 원색들이 대표적으로 사용된다.

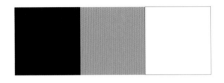

6	113	119
(BG/V)	(N8)	(N2)

모던 이미지 맵을 구성하고, 컬러 팔레트를 완성하시오.

모던 이미지 배색을 이용하여 컬러 디자인을 하시오.

매니시 이미지(Mannish Image)

매니시(Mannnish)란 '남성적인'의미로 댄디(Dandy)나 보이시(Boyish)와 유사한 뜻을 가지며, 자립심이 강한 여성을 내세울 때 인용된다.
색상은 덜톤이나 디프톤의 그레이, 카키, 네이비 등과 블랙, 화이트가 선호된다.

118	77	120
(N3)	(B/Gr)	(N1.5)

매니시 이미지 맵을 구성하고, 컬러 팔레트를 완성하시오.

매니시 이미지 배색을 이용하여 컬러 디자인을 하시오.

스포티브 이미지(Sportive Image)

스포티브(Sportive)란 '경쾌한, 유희, 스포츠가 좋다' 등의 의미를 갖는다.

패션 이미지로서의 스포티브 이미지란 스포츠 웨어가 갖고 있는 기능성과 편안함을 패션에 넣어 활동적이고 건강한 스타일을 지향한 이미지를 말한다.

색상은 선명하고 밝은 비비드톤이나 스트롱톤의 색상들이 많다.

1	4	8
(R/V)	(GY/V)	(PB/V)

스포티브 이미지 맵을 구성하고, 컬러 팔레트를 완성하시오.

스포티브 이미지 배색을 이용하여 컬러 디자인을 하시오.

에스닉 이미지(Ethnic Image)

에스닉(Ethnic)이란 '인종의, 민족의, 민간 전승'이라는 의미이다.

에스닉 이미지의 패션은 민속복, 민족복에서 힌트를 얻어 소박하고 전원적인 민족의 문화나 관습을 취한 자연적이고 토속적인 스타일을 일컫는다.

색상은 붉은 색상이 가장 많고 비비드톤이 주조를 이룬다.

100	13	95
(RP/Dp)	(Y/S)	(G/Dp)

에스닉 이미지 맵을 구성하고, 컬러 팔레트를 완성하시오.

에스닉 이미지 배색을 이용하여 컬러 디자인을 하시오.

캐주얼 이미지(Casual Image)

캐주얼(casual)은 '생기발랄한, 활기찬, 유쾌한'의 의미이며, 캐주얼 이미지 패션은 자유분방한 분위기와 활동적이고 밝은 이미지를 주는 편안한 스타일을 일컫는다.

색상은 비비드톤이나 스트롱톤이 대표적이고 콘트라스트가 강한 배색을 활용하며 효과적이다.

120	8	3
(N1.5)	(PB/V)	(Y/V)

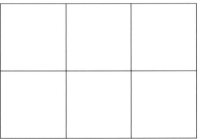

캐주얼 이미지 맵을 구성하고, 컬러 팔레트를 완성하시오.

캐주얼(casual)은 '생기발랄한, 활기찬, 유쾌한'의 의미이며, 캐주얼 이미지 패션은 자유분방한 분위기와 활동적이고 밝은 이미지를 주는 편안한 스타일을 일컫는다.

캐주얼 이미지 배색을 이용하여 컬러 디자인을 하시오.

로맨틱 이미지(Romantic Image)

로맨틱(romantic)은 '낭만적인, 공상적인, 동화적인'이란 의미를 가진다.

로맨틱 이미지 패션이란 여성적이고 사랑스런 스타일을 말하는 것으로 색상은 델리케이트한 감각의 색조와 부드러운 파스텔톤의 색상 배색이 이용된다.

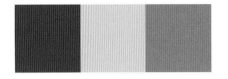

41	111	49
(R/Vp)	(N9.5)	(P/Vp)

로맨틱 이미지 맵을 구성하고, 컬러 팔레트를 완성하시오.

로맨틱 이미지 배색을 이용하여 컬러 디자인을 하시오.

WRITER

이인성 LEE, INSEONG

이화여대 의류직물학 졸업
파리 의상조합학교 졸업
파리 소르본대학교 예술대학 석사, D.E.A
파리 팡테옹 소르본대학교 조형예술대학 박사
전 이화여자대학교 의류학과 교수

주요경력
파리 Christian Dior 어시스턴트 디자이너
Figaro Korea 리포터
주간 동아 패션컬럼리스트
L.A. Z.ro 디자이너
패션 정보지의 디자인 트랜드 예측과
소비자의 수용도에 관한 연구 외 다수
저서 패션 일러스트레이션(2007)
　　　컬러 앤 디자인 이미지(2007)
　　　니트디자인(2008)
　　　니트기계디자인(2008)

이언영 LEE, UN-YOUNG

이화여대 일반대학원 의류직물학과 석사
이화여대 일반대학원 의류직물학과 박사
State University of New York Fashion Institute of Technology
Jean pierre Fleurimon
Hollywood California Academy of Make-up & Fashion
현재 장안대학교 스타일리스트과 부교수

주요경력
방송 · 광고 · 패션쇼 · 잡지 · 정치인 이미지메이킹 스타일리스트
EBS 교육방송 패널리스트
현대 패션에 나타난 고저스이미지에 관한 연구 외 다수
저서 토탈 패션 코디네이션(2004)
　　　컬러 앤 디자인 이미지(2007)
　　　컬러스토리(2010)

뉴 컬러 & 디자인 이미지

NEW COLOR
& DESIGN IMAGE

2019년 3월 4일 초판 인쇄 | 2019년 3월 11일 초판 발행

지은이 이인성, 이언영 | **펴낸이** 류원식 | **펴낸곳 교문사**

편집부장 모은영 | **책임진행** 모은영 | **디자인** 황순하 | **본문편집** 우은영

제작 김선형 | **홍보** 이솔아 | **영업** 이진석 · 정용섭 · 진경민 | **출력** 현대미디어 | **인쇄** 동화인쇄 | **제본** 한진제본

주소 (10881) 경기도 파주시 문발로 116 | **전화** 031-955-6111 | **팩스** 031-955-0955

홈페이지 www.gyomoon.com | **E-mail** genie@gyomoon.com

등록 1960. 10. 28. 제406-2006-000035호

ISBN 978-89-363-1826-0(93590) | **값** 19,000원

1	2	3	4	5	6	7	8	9	10
R / V	YR / V	Y / V	GY / V	G / V	BG / V	B / V	PB / V	P / V	RP / V

11 R / S	12 YR / S	13 Y / S	14 GY / S	15 G / S	16 BG / S	17 B / S	18 PB / S	19 P / S	20 RP / S

21	22	23	24	25	26	27	28	29	30
R / B	YR / B	Y / B	GY / B	G / B	BG / B	B / B	PB / B	P / B	RP / B

31 R / P	32 YR / P	33 Y / P	34 GY / P	35 G / P	36 BG / P	37 B / P	38 PB / P	39 P / P	40 RP / P

41	42	43	44	45	46	47	48	49	50
R / VP	YR / VP	Y / VP	GY / VP	G / VP	BG / VP	B / VP	PB / VP	P / VP	RP / VP

51	52	53	54	55	56	57	58	59	60
R / Lgr	YR / Lgr	Y / Lgr	GY / Lgr	G / Lgr	BG / Lgr	B / Lgr	PB / Lgr	P / Lgr	RP / Lgr

No : 61~70   Light Tone / L / 밝은, 산뜻한

61 R / L	62 YR / L	63 Y / L	64 GY / L	65 G / L	66 BG / L	67 B / L	68 PB / L	69 P / L	70 RP / L

71	72	73	74	75	76	77	78	79	80
R / Gr	YR / Gr	Y / Gr	GY / Gr	G / Gr	BG / Gr	B / Gr	PB / Gr	P / Gr	RP / Gr

81	82	83	84	85	86	87	88	89	90
R / Dl	YR / Dl	Y / Dl	GY / Dl	G / Dl	BG / Dl	B / Dl	PB / Dl	P / Dl	RP / Dl

91	92	93	94	95	96	97	98	99	100
R / Dp	YR / Dp	Y / Dp	GY / Dp	G / Dp	BG / Dp	B / Dp	PB / Dp	P / Dp	RP / Dp

101	102	103	104	105	106	107	108	109	110
R / Dk	YR / Dk	Y / Dk	GY / Dk	G / Dk	BG / Dk	B / Dk	PB / Dk	P / Dk	RP / Dk

| 111 | 112 | 113 | 114 | 115 | 116 | 117 | 118 | 119 | 120 |
| N9.5 | N9 | N8 | N7 | N6 | N5 | N4 | N3 | N2 | N1.5 |